NOTE

SUR LA

VÉGÉTATION DE LA RÉGION DES NEIGES

OU

FLORULE DE LA VALLÉE DE LA MER DE GLACE

AU CENTRE DU MASSIF DU MONT-BLANC

PAR

Venance PAYOT, Naturaliste

au Muséum du Mont-Blanc, à Chamounix

membre de la Société botanique de France, de la Société vaudoise des sciences naturelles,
membre honoraire de la Société des sciences naturelles du Grand-Duché du
Luxembourg, de la Société Murithienne de botanique du Valais,
membre correspondant de la Société impériale d'agriculture,
d'histoire naturelle et des arts utiles de Lyon,
de l'Institut genevois et de la Société
phytologique et micrographique
de Belgique.

LYON

ASSOCIATION TYPOGRAPHIQUE

REGARD, RUE TUPIN, 31.

1868

NOTE

SUR LA

VÉGÉTATION DE LA RÉGION DES NEIGES

OU

FLORULE DE LA VALLÉE DE LA MER DE GLACE

AU CENTRE DU MASSIF DU MONT-BLANC

PAR

V. PAYOT

Naturaliste, ex-maire de Chamounix.

PRÉLUDE

Déjà dans deux publications j'avais commencé des recherches sur le caractère de végétation de la région des neiges, au revers occidental de cette chaîne, aux limites altitudinales de la végétation, comparée avec celles de son revers oriental.

Mais comme ce dernier versant n'a pas été exploré avec le même soin, je me contenterai, en attendant, de faire connaître la végétation du versant septentrional. Avant d'énumérer les espèces de cette audacieuse colonie de végétaux vasculaires et cellulaires, qui croissent au milieu des glaces et des neiges éternelles, aux dernières limites de végétation, sur le massif central de la chaîne du Mont-Blanc, il est important de donner une rapide description topographique de cette vallée, quoiqu'elle soit bien connue des naturalistes. Elle est ouverte à son extrémité nord ou inférieure, formant une déclivité entre le Chapeau et le Montanvert ; son extrémité supérieure se trouve fermée par d'immenses rochers, recouverts d'une prodigieuse épaisseur de glace et de neige.

Le colossal massif de cette chaîne ne forme qu'une seule vallée transversale, contrairement à ce qu'on rencontre sur d'autres chaînes d'un système géologique, il est vrai de dire différent.

Cette vallée est dominée de tous côtés par d'immenses rochers de protogyne à feuillets verticaux, s'élevant à des hauteurs considérables et sur le flanc desquelles de vastes glaciers les recouvrent jusqu'à leur jonction au grand fleuve congelé qu'on appelle *Mer-de-Glace*, de manière que le peu de végétation qui se trouve dans le haut de cette vallée est tout-à-fait isolée, limitée par les nombreux glaciers qui viennent rejoindre la Mer-de-Glace, sur les deux flancs de la vallée ; il s'ensuit que ces îlots de végétation sont séparés du reste du monde végétal alpin.

Je n'admets au sujet de cette étude que les gazons, ou toute autre trace de végétation, qui sont, pour la rive droite de la Mer-de-Glace, le glacier de la Charpouat, situé entre le fameux monolithe du Dru et l'Aiguille-du-Moine, et pour la rive gauche, le glacier de la Thendiaz, qui rejoint la Mer-de-Glace un peu plus loin que l'Angle ; celui de la rive droite la rejoint également vis-à-vis ce dernier point. Voilà à peu près les deux démarcations qui limitent la solution de continuité entre les végétaux qui habitent l'extrémité supérieure d'avec ceux qui couvrent la superficie du reste des Alpes.

Les parties supérieures gazonnées se trouvent encore subdivisées en cinq circonscriptions distinctes, isolées et séparées entre elles par de vastes champs de glace de quelques kilomètres d'étendue ; leur végétation diffère, néanmoins, quoique leurs expositions soient à peu près analogues, de même que le terrain sur lequel elles végètent est partout cristallin et riche en matière siliceuse. La circonférence de chacune de ces circonscriptions varie en étendue et en altitude. Le tableau ci-après fera connaître les altitudes et l'étendue de chacune des circonscriptions, en ajoutant le nombre d'espèces qui appartiennent à chacune d'elles :

Noms des Circonscriptions.	Altitudes moyennes.	Nombre d'espèces à chaque circonscription.	Circonférence se mesure par quelques mètres.	Observ.
Entre-la-Porte	2,300 mét.	10	1 kilomét.	»
Tacul	2,400 »	7	1 1/2 »	»
Leschaux	2,500 »	70	2 »	»
Jardin	2,700 »	65	4 »	»

Nombre de plantes spéciales à chaque circonscription :

Entre-la-Porte 10
Tacul. 5
Leschaux 32
Couvercle. 20
Jardin 22

Le nombre de plantes se trouvant dans les deux principales circonscriptions est de 52.

Il est facile de se rendre compte du nombre relatif de plantes de chaque circonscription, comparée à la distribution géographique des plantes phanérogames et cryptogames sur la chaîne des Alpes pennines.

FLORULE

DE LA

VALLÉE DE LA MER DE GLACE

1re Classe Dicotylodones.

Renonculacées.

Ranunculus *Linn.*

— glacialis *Linn.*, au sommet du Jardin, 3,000 mèt. Cette plante prend une vilosité, selon les expositions. à partir de 2,500 mèt. d'altitude.

— Villarsii *D. C.*, Jardin et Leschaux.

— montanus *Wilde.*, au Couvercle.

Anemone *Linn.*

— vernalis *Linn.*, Leschaux, en fleur à fin octobre, sessile sur le collet de sa racine, très-velue.

Crucifères.

Braya *Koch.*

— pinatifida *Koch.*, Entre-la-Porte.

Arabis *Linn.*

— alpina *Linn.*, de l'Angle à Entre-la-Porte.

Cardamine *Linn.*

— alpina *Willd.*, Jardin, plus développée qu'à une moindre altitude.

— resedifolia *Linn.*, Jardin et Couvercle.

Draba *Linn.*

— nivalis *D. C.*, au sommet du Couvercle. à 3,000 mèt.

— tomentosa *Wahl.* » »

— frigida *Saut.* » »

Violariées.

Viola *Linn.*

— calcarata *Linn.*, Couvercle; elle prend trois teintes différentes, d'un beau violacé ou d'un lilas très-pâle et jaune blanchâtre.

— V. flore-lutea, Couvercle.

— biflora *Linn.*, Couvercle inférieur.

Silenées.

Silene *Linn.*

— rupestris *Linn.*, Couvercle et Jardin, échantillons *acaulis*.

— acaulis *Linn.*, » »

— excapa *All.*, Jardin, Leschaux et Tacul.

Alsinées.

Sagina

— Linnai *Presl.*, Jardin. Spergula Saginoïdes *Linn.*

Cherleria *Linn.*

— sedoïdes *Linn.*, Jardin et Leschaux, (Alsine Cherleri) *Fenz.*

Arenaria *Linn.*

— biflora *Linn.*, Jardin, feuilles sessiles embrassantes.

— Marschlinsii *Koch.*, Jardin à sa base.

— Serpilifolia, V. B. alpina *Gaud.* Tige de 1 à 3 centim., étalées, fleurs en très-petites panicules tristées à pédoncules à peine plus longs que le calice, sépales lancéolées, accuminées, trinervées, dépassant à peine la corolle, feuilles ovales sessiles, plante brièvement pubescente, glanduleuse.

Cerastium *Linn.*

— trigynum *Vill. Daup.*, Couvercle.

— latifolium *Linn.*, Leschaux.

— V. B. pedunculatum *Gaud.*, Leschaux, Jardin.

— V. A. glaciale *Gaud.* »

Spergula

— segotalis *Fenz.*, *Vill.*, Jardin.

Linées.

Linum *Linn.*, Catharticum *Linn.*, base du Couvercle.

Légumineuses.

Trifolium *Linn.*

— alpinum *Linn.*, Jardin, Leschaux.

— Thalii *Vill. Dauph.*, Leschaux.

Lotus *Linn.*

— corniculatus *Linn.*, Leschaux.

Rosacées.

Geum *Linn.*

— montanum *Linn.*, Jardin, Leschaux et Couvercle.

Sibaldia *Linn.*

— procumbens *Linn.*, Entre-la-Porte, Leschaux et Jardin.

Potentilla *Linn.*
— minima *Linn.*, *f.* Couvercle.
— frigida *Vill.*, *Dauph.*, sommet du Couvercle.
— grandiflora *Linn.*, base du Couvercle.
— alpestris *Hall.*, *fil.*, Leschaux, Jardin et Couvercle.
— Halleri *Sering.*, Couvercle.

Alchemilla *Linn.*
— alpina *Linn.*, Leschaux et Couvercle.
— subsercica *Reut.*, Leschaux, diffère de l'A. alpina par les segments de ses feuilles oblongs, cunéiformes, profondéments incisés, dentés au sommet, moins soyeux et non veloutés en dessous.
— fissa *Schum.*, sommet du Couvercle. Je considère cette dernière espèce comme étant une hybride de la A. pentaphyllea et vulgaris, desquelles elle diffère par des lobes beaucoup plus profonds, entièrement glabrescents, ayant à peu près les caractères de la vulgaris.
— pentaphyllea *Linn.* Jardin et Couvercle.

Onograriées.

Epilobium *Linn.*
— alpinum *Linn.*, Jardin.
— Fleischeri, Leschaux.

Crassulacées.

Sedum *Linn.*
— repens *Schlech.*, sommet du Couvercle et Jardin.
— dasyphyllum *Linn.*, Leschaux.

Sempervivum *Linn.*
— montanum *Linn.*, Leschaux.

Saxifragées.

Saxifraga *Linn.*
— aspera *Linn.*, Jardin, Leschaux et Couvercle.
— bryoïdes *Linn.*, » » »
— aizoïdes *Linn.*, Leschaux.
— muscoides *Wulf.*, »
— V. B. subacaulis, Jardin.
— V. B. moschata *Wulf.*, Leschaux.
— androsacea *Linn.*, Tacul.
— aizoon *Linn.*, Leschaux.
— oppositifolia *Linn.*, Jardin.
— stellaris *Linn.*, »
— V. B. subacaulis, »

Ombellifèrées.

Laserpitium

— panax *Gouan.*, Jardin et Couvercle.

— V. A. ciliatum. La variété du Laserpitium Panax est parsemée de très-petits cils, presque glabre, tige atteignant à peine un décimètre.

Gaya *Gaud.*

— simplex *Gaud.*, Jardin et Couvercle.

Meum *Linn.*

— mutellina *Gærtn.*, Jardin et Couvercle.

Buplevrum *Linn.*

— stellatum *Linn.*, Leschaux et Couvercle.

Composées.

Adenostyles

— leucophylla *Rech.*, de l'Angle à Entre-la-Porte et Leschaux.

— alpina *Bach.*, Couvercle.

Tussilago *Linn.*

— alpina *Linn.*, Jardin et Leschaux.

Solidago

— virgaurea *Linn.*

— V. A. minuta, Jardin et Leschaux.

Erigeron

— uniflorum *D. C.*, Couvercle.

— glabratum *Hopp.*, Jardin.

— alpinus, Couvercle.

Aronicum *Rech.*

— doronicum *Rech.*, Jardin, Leschaux et Couvercle.

— V. A. minuta, Leschaux et Couvercle, octobre. Plante à deux calathides, feuilles radicales et caulinaires, profondément dentées, cotonneuses sur les deux faces, tige dressée, très-cotonneuse, de 5 à 10 centimètres.

Arnica *Linn.*

— montana *Linn.*, Jardin et Couvercle.

Senecio *Linn.*

— incanus *Linn.*, toutes les circonscriptions.

— V. grandiflora, Jardin. Diffère de son type par ses pédoncules plus longs, à calathides plus grands et plus serrés, feuilles épaisses, entièrement blanches, laineuses; tiges couvertes d'un duvet serré.

Artemisia *Linn.*

— mutellina *Vill. Dauph.*, Leschaux.

Chrysanthemum *Linn.*
— alpinumo *Linn.*, Jardin et Leschaux.
Achillea *Linn.*
— nana *Linn.*, Tacul, Leschaux et Couvercle.
Helychrysum *D. C.*
— angustifolium *D. C.* Jardin, Leschaux et Couvercle.
Gnaphalium *Linn.*
— No[illegible]gicum *Gr.*, Leschaux.
— [illegible] *Linn.*, Jardin, Couvercle et Leschaux.
— [illegible]rpathicum *Wahl.*, Jardin.
[illegible]oïcum *Gærtn.*, Jardin et Leschaux.
Cirsium *Linn.*
— spinosissiorum *Scop.*, Leschaux et Couvercle.
Leontodon
— pyrenaicus *Gouan.*, Couvercle et Jardin.
— proteiformis *Vill. Dauph.*, Couvercle.
Taraxacum
— officinale *Wigg.*, Jardin.
— V. B. nivale, »
Crepis
— aurea *Capin.*, Jardin et Couvercle.
Hieracium *Linn.*
— glaciale *Lachn.*, Couvercle, Jardin et Leschaux.
— glaucopsis *G.* et *Godr.*, de l'Angle à Entre-la-Porte.
Hieracium glanduliferum *Hopp.*, Jardin et Couvercle.
— alpinum *Linn.*
— Schraderi *Schl.*

Campanulacées.

Phyteuma
— hemispherica *Linn.*, Jardin et Leschaux.
Campanula *Linn.*
— barbata *Linn.*, Leschaux.
— linifolia *Linn.*, Jardin et Couvercle.

Vaccinées.

Vaccinium
— uliginosum *Linn.*, Leschaux.
— vitis Idœa *Linn.*, Leschaux.

Ericinées.

Azalea
— procumbens *Linn.*, Leschaux.

Rhododendron *Linn.*
— ferrugineum *Linn.*

Primulacées.

Primula *Linn.*
— viscosa *Vill. Dauph.*, Jardin et Couvercle.
— villosa, Jardin, hampe nulle, fleur sessile sur le collet de sa racine.
— V. A. subacaulis, Jardin.

Androsace *Linn.*
— Pennina *Gaud.* ou Glacialis *Schl.*, Col-du-Géant, espèce qui s'élève le plus haut dans les Alpes.

Andrasace pubescens *D. C.*, Leschaux.

Gentianées.

Gentiana *Linn.*
— punctata *Linn.*, Jardin.
— purpurea *Vill. Dauph.*, Jardin.
— V. flore alba, Leschaux.
— acaulis *Linn.*
— V. angustifolia *Koch.*, Leschaux.
— V. excisa, Couvercle.
— nivalis *Linn.*, Jardin.

Scrophularlées.

Linaria
— alpina *D. C.*, Jardin et Leschaux.

Veronica
— aphylla *Linn.*, Jardin.
— saxatilis *Jacq.*, Leschaux.
— bellidioïdes, Leschaux, Jardin et Couvercle.
— alpina *Linn.*, Jardin, Tacul et Couvercle.

Euphrasia
— officinalis *Linn.*, Tacul et Couvercle.
— minuta *Schl.*, Leschaux.
— salisburgensis *Hopp.*, de l'Angle à Entre-la-Porte.

Pedicularis
— rostrata *Linn.*, de l'Angle à Entre-la-Porte.
— V. A. Letourneuxii *Personat*, Leschaux, plante plus ou moins velue sur toutes ses parties.

Labiées.

Thymus
— serpillum *Linn.*

Dracocephalum
— Ruyschianum *Linn.*, Aiguille à Bochard au Pas-de-l'Ours, à peine en dehors de mon cadre de quelques mètres.

Plantaginées.

Plantago *Linn.*
— alpina *Linn.*, Jardin.

Santalacées.

Thesium *Linn.*
— alpinum *Linn.*, Leschaux.

Empétrées.

Empetrum *Linn.*
— nigrum *Linn.*, Leschaux.

Salicinées.

Salix *Linn.*
— hastata *Linn.*, Leschaux.
— Helvetica *Vill. Daup.*, de l'Angle à Entre-la-Porte.
— myrsinites *Linn.*, » »
— reticulata *Linn.*, » »
— retusa, Leschaux. » »
— herbacea *Linn.*, Jardin et Entre-la-Porte.

Cupressinées.

Juniperus
— alpina *Clos.*, Leschaux.

Liliacées.

Lilium
— martagon, base du Couvercle.

Paradisia
— liliastrum *Bertol.*, base du Couvercle.

Orchidées.

Orchis
— muscula *Linn.*, base du Couvercle.
— viridis *Crantz.*, »
— albida *Scop.*, »

Nigritella
— augustifolia *Rech.*, base du Couvercle.

Joncées.

Juncus
- — Jacquini *Linn.*, Couvercle, Jardin et Leschaux.
- — triglumis *Linn.*, de l'Angle à Entre-la-Porte.
- — trifidus *Linn.*, Jardin, Couvercle et Leschaux.

Luzula *D. C.*
- — spicata *D. C.*, Jardin, Couvercle et Leschaux.
- — spadicea *D. C.*, » »
- — lutea *D. C.*, Leschaux.

Cyperacées.

Scirpus
- — cæspitosus *Linn.*, Leschaux.

Carex
- — fœtida *Scop.*, Couvercle.
- — curvula *All.*, Jardin.
- — nigra *All.*, Couvercle.
- — frigida *All.*, de l'Angle à Entre-la-Porte.
- — sempervirens *Scopol.*, »

Graminées.

Anthoxantum *Linn.*
- — odoratum *Linn.*, Jardin et Couvercle.

Phleum *Linn.*
- — alpinum *Linn.*, Jardin.

Calamagrostis
- — tenella *All.*, Jardin.

Aira
- — cæspitosa *Linn.*, Jardin et Couvercle.

Agrostis
- — alpina *Scopol.*, Leschaux.
- — rupestris *All.*, Jardin.

Avena
- — Scheuchzeri *All.*, Jardin, Couvercle et Leschaux.

Poa
- — laxa *Hænck.*, Jardin et Couvercle.
- — nemoralis *Linn.*, Leschaux.
- — alpina Jardin et Couvercle.

Festuca
- — halleri *All.*, Jardin et Couvercle.
- — violacea *Gaud.*, » »
- — pumila *Chaix.*, » »

Nardus *Linn.*
— stricta *Linn.*, Jardin, Couvercle et Leschaux.

CRYPTOGAMES VASCULAIRES

Fougères.

Botrychium
— lunaria *Sw.*, Couvercle.
Aspidium
— lonchitis *Sw.*, Leschaux.
Polystichum
— dilatatum *D.C.*, Jardin.
Allosurus
— crispus, Leschaux.

Lycopodiacées

Lycopodium
— alpinum *Linn.*, Leschaux.
— inundatum *Linn.*
Selaginella
— spinulosa *Linn.*, Leschaux.

CRYPTOGAMES CELLULAIRES

Mousses.

Weisia
— crispula *Hedw.*
— V. atrata *Schp.*, Leschaux.
Dicranum
— scoparium *Hedw.*, Leschaux et Beranger.
Brachyodus
— trichoïdes *Nées*, Leschaux et Beranger.
Didymodon
— rubellus *B.* et *Schp.*, Leschaux et Beranger.
Ceratodon
— purpureus *B.* et *Schp.*, Leschaux et Beranger.
Desmatodon
— latifolius *B.* et *Schp.*, Beranger et Leschaux.
— V. glacialis *Schp.*, » »

Barbula
— tortuosa *W.* et *M.*, Jardin.
Grimmia
— apocarpa *Hedw.*, Jardin.
— apiculata *Hopp.*, Leschaux et Jardin.
— donniana *Smith.* » »
— ovata *W.* et *M.*, » »
— alpestris *Schleich.*, » »
Racomitrum
— lanuginosum *Hed.*, Leschaux.
— canescens, »
— V. ericoïdes *Schp.*, Jardin.
Webera
— acuminata *Hopp.* et *H.*, Leschaux.
— V. r. polyseta *Schp.*, »
— polymorpha *Hopp.* et *H.*, Jardin.
— longicolla *Hedw.*, Leschaux.
— nutans, »
— V. uliginosa *Schp.*, »
Bryum
— imbricatum *B.* et *Schp.*, Jardin et Leschaux.
— alpinum *Linn.*, Leschaux.
— V. compactum, »
— capillare *Linn.*, »
Mnium
— affine *Schp.*, Jardin.
— hornum *Linn.*, Leschaux.
— orthorynchum *B.* et *Schp.*, Leschaux.
— lycopodioïdes *Schwg.*, »
— punctatum *Hedw.*, Jardin.
Aulacomnium
— palustre *Schp.*, Leschaux.
Bartramia
— pomiformis *Schp.*, Leschaux.
— itiphylla *Brid.*, Jardin.
Philonotis
— fontana *Brid.*, Jardin.
Polytrichum
— piliferum *Hedw.*, Leschaux et Jardin.
— juniperinum *Hedw.*, » »
— V. alpinum, Leschaux.

Pseudoleskea
— atrovirens *B.* et *Schp.*, Leschaux.
Heterocladium
— dimorphum *B.* et *Schp.*, Leschaux.
Brachythecicum
— rutabulum *Schp.*, Leschaux.
— collinum *Schp.*, »
— V. yulaceum *Schp.*, »
Plagiothecium
— sylvaticum *Schp.*, Leschaux.
— V. densum *Schp.*, »
— uncinnatum *Schp.*, »

Hépatiques.

Scapania
— incisa *Nees.*, Leschaux.
— umbrosa *Nees.*, »
Sarcosciphus
— Funckii, Leschaux.
Gymnomitrium
— concinnatum *Fant.*, Leschaux.

Lichenes.

Thamnolia *Ach.*
— vermicularis.
— V. B. taurica *Schr.*, de l'Angle à Entre-la-Porte.
Cladonia *Hill. Hopp.*
— gracilis.
— V. B. subulata *Sch.*, Leschaux.
— rangiferina.
— V. pumila *Sch. Hepp.*, Jardin.
— V. alpestris *Sch.*, Entre-la-Porte.
— sylvatica *Sch.*, »
— stellata, »
— V. A. uncialis *Sch.*, Jardin.
— pyxidata *Pr.*
Stéréocaulon
— alpinum *Laur.*, Jardin.
— nanum *Ach.*, Leschaux.
Alectoria *Ach.*
— bicolor *Nyl.*, Jardin.

Cetraria *Ach.*
— islandica, Leschaux.
— V. vulgaris *Sch.*, Leschaux et Jardin.
— V. angustata *Hepp.*, Jardin et Leschaux.
— cucculata *Ach. Sch.*, Jardin.
— nivalis *Sch.*, Entre-la-Porte et Leschaux.
— aculeata.
— V. campestris *Sch.*, l'Angle.

Gyrophora *Ach.*
— polyphylla *Rab.*, Jardin.
— cylindrica *Korb.*, »
— vellea V. prolifera *Sch.*, l'Angle.
— anthracina *Sch.*, l'Angle, Leschaux, Couvercle et Jardin.

Peltigera *Ach.*
— aphtosa *Hoff.* l'Angle.
— canina V. rufescens g. *Mull.*
— C. V. ulorrtriza *Sch.*, Leschaux.

Solorina *Ach.*
— saccata *Ach.*, Jardin et Entre-la-Porte.
— crocea *Ach.*, » »

Parmelia *Ach.*
— ceratophylla.
— V. candefacta *Sch.*, Jardin.
— V. multipunctata *Schær.*, Entre-la-Porte.
— stygia *Ach.*
— fahlunensis.
— V. B. stygia *Schær.*, Jardin.
— tristis *Ach.*
— P. fahlunensis.
— V. tristis *Sch.*, Entre-la-Porte.
— lanata.
— P. fahlunensis, Entre-la-Porte.
— V. lanata *Sch.*, »
— brunnea *Fries.*
— Leptophylla, Entre-la-Porte.
— V. pezizoïdes *Sch.*
— hypnorum *Sch.*, l'Angle.

Parmeliella *J. Müll.*
— triptophylla *Müll.*, Entre-la-Porte et Jardin.

Placodium *Korb.*
— pezizoïdes *Massal.*

Lecanora

— rimosa *Sch.*, Entre-la-Porte et Tacul.

— cænisia *Sch.*, de l'Angle à Entre-la-Porte.

— inflata *Sch.*, Leschaux.

— ventosa *Ach.*, Leschaux, Couvercle. Jardin et Tacul.

— brunnea *Ach.*

— corallina *Hepp.*

Rinodina *Massal.*

— amnicola *Korb.*, l'Angle.

Biotora *Massal.*

— decipiens *Fries.*, l'Angle et Entre-la-Porte.

— atrorufa *Fries.*, » »

— enteroleuca *Hepp.*, » »

— atrofusca *Hepp.*, » »

— Wulfenii *Hepp.*

Lecidea geographica.

— V. contigua *Linn.*, toutes les circonscriptions.

— V. Alpicola *Sch.*

— superficialis *Sch.*, Jardin. Couvercle et Tacul.

— armeniaca *Sch.*

— V. nigrita *S.*, Jardin. Couvercle et Tacul.

— V. viridiatra *Linn.*

— morio *Linn.*, toutes les circonscriptions.

Endocarpon *Korb.*

— miniatum.

— V. A. umbellicatum *S.*, de l'Angle à Entre-la-Porte.

— V. B. complicatum *Sch.*, » »

Endopyrenium *Korb.*

— pusillum *Korb.*, de l'Angle à Entre-la-Porte.

RECHERCHES

Sur la différence de développement d'une plante dans la plaine avec les extrêmes limites de végétation verticale et altitudinale.

Mes courses dans les montagnes m'ont procuré l'occasion de faire des observations sur la comparaison des phénomènes de végétation relatifs aux plantes croissant dans la plaine et à celles qui vivent à la limite de végétation ; elles donneront lieu à des considérations importantes sur le développement comparatif d'une plante dans la plaine de Chamounix, qui est à 1,050 mètres d'altitude, avec le développement de cette même plante à la limite de végétation possible, soit en minimum 2,500 mètres, et au maximum 3,000 mètres au moins. en indiquant : 1° la différence de développement qui existe entre ces deux altitudes pour la même espèce de plante et le même espace de temps, afin de rechercher les différences qu'on observe sur les montagnes comparées à celles des plaines, dans l'espoir d'arriver à faire connaître les causes réelles d'une si courte durée de développement sur les hautes montagnes, en tenant naturellement compte de la différence du repos hivernal de la plante dans la plaine ou sur les extrêmes limites de végétation.

Ces observations sont faites aux deux points de vue suivants : 1° la différence d'odeur, de couleurs, de villosité et le degré de fréquence aux deux altitudes ; 2° les circonstances climatologiques seront réunies par des documents relatifs à la géographie physique, à la météorologie, pour laquelle il sera tenu compte de la différence géologique et physique du sol, de la température du sol aux diverses profondeurs accessibles aux racines, de la température du sol sous la neige, de la durée et de la fréquence des neiges.

D'après les renseignements climatologiques, les végétaux sont des instruments de météorologie à indication continue, probablement aussi parfaits que les autres instruments que la physique possède : mais on ne sait point encore lire leurs indications marquées dans chaque localité, par les époques de végétation, de floraison, de fructification. Ce sont là les pensées de M. le professeur Thury.

Ces diverses considérations et observations sont commencées depuis quelque temps, mais non encore achevées, par suite de plusieurs circonstances indépendantes de ma volonté : 1° d'abord, par le peu de loisir que me laissent mes affaires privées pendant la saison d'été : 2° par la difficulté de prolonger les courts instants qu'il est donné de s'arrêter sur ces sommités sans abri. Il faut attribuer à la même cause l'insuffisance du présent catalogue, auquel je ne doute pas que des courses et des séjours plus ou moins répétés ne doivent une notable augmentation, surtout en ce qui concerne l'ordre des mousses et lichens.

Les plantes qui font le sujet de cet opuscule, et qui habitent l'extrême limite altitudinale sur cette chaîne, restent pendant huit à dix mois ensevelies sous la neige, n'ayant que les deux autres au plus, et quelquefois même, ce qui arrive le plus souvent, que quelques semaines pour renaître et épanouir leurs fleurs. Elles n'ont assurément que deux saisons, l'hiver relativement très-long, comparativement à l'été qui est très-limité, de cinq à six semaines ; et cependant durant cet intervalle si restreint les plantes de ces régions accomplissent leur évolution avec une vivacité de port, une richesse de couleurs auxquelles on serait loin de s'attendre sous l'influence d'un semblable climat, où le thermomètre, pendant les deux mois d'été, oscille autour de zéro, à l'ombre. Malgré cette température, la végétation de ces parages se développe avec une étonnante vivacité.

C'est un sujet que je me propose d'étudier, quoique M. le professeur Ch. Martins l'ait déjà traité, à ce qu'il vient de m'écrire. M. Martins attribue cet état de choses à deux raisons : d'abord à ce que le sol s'échauffe beaucoup plus que dans la plaine, et à ce que pendant l'hiver les plantes sont abritées sous les neiges jusqu'au milieu, si ce n'est la fin de juin, et que ce repos hivernal est favorable à leur développement. Je n'oserais admettre cette dernière hypothèse, par la raison que les plantes des hautes régions sont soumises, en été, aux mêmes alternatives que dans la vallée de Chamounix, c'est-à-dire à une température tantôt froide, tantôt douce, tantôt sèche, tantôt humide, sous l'influence de laquelle elles commencent à manifester un commencement de végétation qu'un autre agent atmosphérique réprime ensuite. L'action incessante de ces deux causes consomme inutilement une partie de leur vitalité, comme dans la plaine.

La raison du repos hivernal ne peut pas être une raison suffisante pour démontrer la grande vivacité de développement des plantes des hautes régions, puisque leur vie est complètement éteinte. Il y aurait plutôt lieu de l'attribuer aux influences de l'état de l'air, du sol au milieu desquelles elles vivent. Je doute beaucoup, enfin, que la plante puisse acquérir un certain degré de force dans ce long état d'hibernation inerte; pour se fortifier, il est incontestable qu'elle a besoin d'une bien moins grande quantité de chaleur que dans la plaine ; la principale cause est sans aucun doute un phénomène de l'acclimatation. Mais cette acclimatation devient facile pour les plantes qu'on descend des hautes régions dans la plaine, et extrêmement difficile pour celles des plantes qu'on veut introduire dans les hautes régions, comme je l'ai essayé pour un certain nombre de plantes qui manquaient à nos montagnes, et qui croissent dans des vallées inférieures et sur un terrain glaciaire analogue. Il est bien entendu que je fais exception à cette règle des plantes cosmopolites ou sporadiques, indifférentes.

Si je ne réussis pas à faire partager mes espérances aux botanistes, j'ai du moins l'espoir que mon travail ouvrira la voie à de nouvelles observations, en appelant l'attention sur cet important sujet.

Extrait des Mémoires de l'Académie impériale des Sciences, Belles-Lettres et Arts de Lyon.

Assoc. typ. lyonn. — Regard, rue Tupin, 31.

Opuscules botaniques de Venance PAYOT, naturaliste.

Catalogue des principales plantes qui croissent sur la chaîne du Mont-Blanc; 40 pages in-4°, imprimé d'un seul côté.

Guide du botaniste au Jardin de la Mer de glace ou 1re notice sur la végétation de la région des neiges.

Catalogue phytostatique de plantes cryptogames cellulaires qui croissent dans un rayon de 200 kilomètres autour du Mont-Blanc. (Guide du Lichenologue.)

Les fougères, prêles et lycopodiacées des environs du Mont-Blanc, donnant la synonymie, l'habitation, les stations, l'exposition, les altitudes, le terrain, les noms vulgaires et les propriétés médicinales, avec un vocabulaire des noms de lieux et une carte, indiquant les limites des explorations de l'auteur.

2e notice sur la végétation de la région des neiges ou flore des Grands-Mulets.

Énumération des mousses rares, nouvelles et peu connues des environs du Mont-Blanc, suivie de la liste des Diatomées de la vallée de Chamounix. (Va paraître dans les bulletins de la Société botanique de France.)

3e notice sur la végétation de la région des neiges ou florule de la vallée de la Mer de glace. — Brochures diverses.

Observations thermométriques et météorologiques sur la vallée de Chamounix.

Température de la rivière d'Arve, des sources et des torrents de la vallée de Chamounix, observés pendant les années 1855, 1856 et une partie de 1857.

Erpétologie, malacologie et paléontologie des environs du Mont-Blanc, ou description historique des reptiles et énumération des coquilles vivantes et fossiles; grand in-8°, 75 pages, 1865.

Catalogue de la série des roches et des minéraux de la chaîne du Mont-Blanc et du massif des terrains composant la nature géologique des montagnes comprises dans un rayon de 200 kilomètres autour de cette chaîne.

Guide itinéraire au Mont-Blanc, à Chamounix et dans les vallées voisines, contenant l'hypsométrie des montagnes comprises dans les limites du guide, l'énumération des glaciers, des ascensionnistes au Mont-Blanc, accompagné d'une carte topographique approuvée par le Conseil d'administration des guides de cette vallée.

Oscillations des quatre grands glaciers de la vallée de Chamounix, 1867.

En préparation :

LA GÉOLOGIE ET LA MINÉRALOGIE

DES

ENVIRONS DU MONT-BLANC

ET LE

Guide du Botaniste dans les mêmes limites.

www.ingramcontent.com/pod-product-compliance
Ingram Content Group UK Ltd.
Pitfield, Milton Keynes, MK11 3LW, UK
UKHW020541180726
13839UKWH00006B/2644

9 782329 571447